ICS 27.100

F 20

备案号：47981-2015

中华人民共和国电力行业标准

DL/T 1398.33 — 2014

智 能 家 居 系 统

第 3-3 部分：智能插座技术规范

Smart home system

Part 3-3: Technical specification for smart power socket

2014-10-15发布　　　　　　　　　　　　　　　　2015-03-01实施

国家能源局　　发 布

目　次

前　言

本部分根据 GB/T 1.1—2009 给出的规则起草。

DL/T 1398《智能家居系统》分为 8 个部分：

第 1 部分：总则；

第 2 部分：功能规范；

第 3-1 部分：家庭能源网关技术规范；

第 3-2 部分：智能交互终端技术规范；

第 3-3 部分：智能插座技术规范；

第 3-4 部分：智能家电监控模块技术规范；

第 4-1 部分：通信协议—服务中心主站与家庭能源网关通信；

第 4-2 部分：通信协议—家庭能源网关下行通信。

本部分是 DL/T 1398《智能家居系统》的第 3-3 部分。

请注意本文件的某些内容可能涉及专利。本文件的发布机构不承担识别这些专利的责任。

本部分由中国电力企业联合会提出；

本部分由电力行业供用电标准化技术委员会归口并解释。

本部分起草单位：国网信息通信有限公司，国网电力科学研究院，中国电力科学研究院，北京国电通网络技术有限公司，北京南瑞智芯微电子科技有限公司，中国电器科学研究院有限公司，广东电网公司，国网北京市电力公司，国网山东省电力集团公司，国网四川省电力公司，北京突破电气有限公司。

本部分主要起草人：赵丙镇、刘建明、景晓松、陈晓静、郑越峰、胡宇宣、钱峰、黄远丰、丁瑞军、王相伟、李冀、刘宣、祝恩国。

本部分在执行过程中的意见或建议反馈至中国电力企业联合会标准化管理中心（北京市白广路二条一号，100761）。

智 能 家 居 系 统

第 3-3 部分：智能插座技术规范

1 范围

本部分规定了智能插座的功能要求、电气性能、通信性能、电磁兼容要求、机械性能、适应环境、可靠性要求、检验规则。

本部分适用于智能插座的研发、生产、使用和检验。

2 规范性引用文件

下列文件对于本文件的应用是必不可少的。凡是注日期的引用文件，仅所注日期的版本适用于本文件。凡是不注日期的引用文件，其最新版本（包括所有的修改单）适用于本文件。

GB 1002—2008 家用和类似用途单相插头插座 型式、基本参数和尺寸

GB/T 15629.15—2010 信息技术 系统间远程通信和信息交换 局域网和城域网 特定要求 第15 部分：低速无线个域网（WPAN）媒体访问控制和物理层规范

GB/T 17215.301—2007 多功能电能表 特殊需求

GB/T 17626—2006 电磁兼容 试验和测量技术

GB/T 17626.2—2006 电磁兼容 试验和测量技术 静电放电抗扰度试验

GB/T 17626.3—2006 电磁兼容 试验和测量技术 射频电磁场辐射抗扰度试验

GB/T 17626.4—2008 电磁兼容 试验和测量技术 电快速瞬变脉冲群抗扰度试验

GB/T 17626.5—2008 电磁兼容 试验和测量技术 浪涌（冲击）抗扰度试验

GB/T 17626.6—2008 电磁兼容 试验和测量技术 射频场感应的传导骚扰抗扰度

GB/T 17626.8—2006 电磁兼容 试验和测量技术 工频磁场抗扰度试验

GB/T 191—2008 包装储运图示标志

GB/T 20138—2006 电器设备外壳对外界机械碰撞的防护等级（IK 代码）

GB 2099.1—2008 家用和类似用途插头插座 第 1 部分：通用要求

GB 2099.3—2008 家用和类似用途插头插座 第 2 部分：转换器的特殊要求

GB/T 4208—2008 外壳防护等级（IP 代码）

GB/T 6113.102—2008 无线电骚扰和抗扰度测量设备和测量方法 第 1-2 部分：无线电骚扰和抗扰度设备 辅助设备 传导骚扰

GB 9254—2008 信息技术设备的无线电骚扰限值和测量方法

JJG 596—2012 电子式交流电能表检验规程

DL/T 395—2010 低压电力线通信宽带接入系统技术要求

DL/T 1398.1—2014 智能家居系统 第 1 部分 总则

DL/T 1398.2—2014 智能家居系统 第 2 部分 功能规范

DL/T 1398.42—2014 智能家居系统 第 4-2 部分 通信协议 家庭能源网关下行通信

JB/T 10923—2010 电子式电能表用磁保持继电器

信息产业部令［第 39 号］ 电子信息产品污染控制管理办法

信部无［2005］423 号 微功率（短距离）无线电设备的技术要求

3 缩略语

下列缩略语适用于本部分。

ITU	国际电信联盟（International Telecommunication Union）
ASK	幅移键控（Amplitude Shift Keying）
BPSK	二进制相移键控（Binary Phase Shift Keying）
FSK	频移键控（Frequency Shift Keying）
GFSK	高斯频移键控（Gauss Frequency Shift Keying）
MPSK	多进制相移键控（Multiple Phase Shift Keying）
MSK	最小频移键控（Minimum Shift Keying）
MTBF	平均无故障时间（Mean Time Between Failure）
OFDM	正交频分复用（Orthogonal Frequency Division Multiplexing）
O-QPSK	偏移四相相移键控（Offset Quadrature Phase Shift Keying）
PLC	电力线通信（Power Line Communication）
QAM	正交幅度调制（Quadrature Amplitude Modulation）
QoS	服务质量（Quality of Service）
QPSK	四相相移键控（Quadrature Phase Shift Keying）
SNMP	简单网络管理协议（Simple Network Management Protocol）
TDMA	时分多址（Time Division Multiple Access）
WPAN	无线个域网（Wireless Personal Area Network）

4 分类

按照智能插座的安装及使用方式分类，可将智能插座分为固定式和移动式两种：
——固定式智能插座：用于与固定布线连接的智能插座。
——移动式智能插座：同时具有插销和插套，在与电源连接时易于从一地移到另一地的智能插座。

5 功能配置及要求

5.1 功能配置

智能插座的功能配置应满足表 1 中的要求。

表 1 智能插座的功能配置表

序号	项 目		必备	选配
1	电参数及电能量测量	电流	√	
		电压	√	
		频率		√
		有功功率	√	
		无功功率		√
		视在功率		√
		正向有功总电能量	√	
		功率因数		√

表 1（续）

序号	项 目		必备	选配
2	数据存储	历史数据冻结	√	
		校时	√	
3	通信	双向数据传输	√	
4	信息显示	电能数据显示		√
		工作状态显示	√	
5	电源控制	整机通、断电		√
6	状态监测	状态反馈	√	
7	维护	恢复出厂设置	√	

5.2 功能要求

5.2.1 电能量测量

智能插座应能测量当前接入用电设备的用电数据，测量数据项应符合表 1 中的要求；所测量电参数的量纲应符合以下规定：

——电流：A；

——电压：V；

——有功功率：W；

——无功功率：var；

——视在功率：VA；

——正向有功总电能量：kWh。

智能插座的测量精度应满足 JJG 596—2012 中对 2 级电子式电能表的精度要求。

接入电压在规定工作范围内变化时引起的允许误差改变量极限应满足 GB/T 17215.301—2007 的相关要求。

5.2.2 数据存储

5.2.2.1 历史数据冻结

智能插座不断电情况下应能冻结并存储接入用电设备的正向有功总电能，至少存储 7 天，每天 96 点的用电数据。

5.2.2.2 校时

智能插座应具有校时功能，可接收并执行家庭能源网关下发的校时命令。智能插座应具有软时钟或硬件时钟，对于软时钟，其日计时误差≤5s/d；对于硬件时钟，其日计时误差≤2s/d。

5.2.3 通信

智能插座应能通过微功率无线、WPAN、WIFI、电力线通信等技术中的一种或几种与家庭能源网关进行双向信息交互。

5.2.4 信息显示

5.2.4.1 电能数据显示

具有显示屏的智能插座应至少能显示接入用电设备的实时有功功率、当前正向有功总电能量等用电数据。

5.2.4.2 工作状态显示

智能插座应能通过 LED 指示灯或显示屏方式，实时、准确的指示通、断电状态。

5.2.5 电源控制

智能插座可接收并执行家庭能源网关下发的指令，接通或断开与用电设备相连的电源。

5.2.6 状态监测

智能插座应能实时向家庭能源网关反馈通、断电状态，以及过载等信息。

智能插座应能按照家庭能源网关的要求，定时或实时向家庭能源网关反馈接入用电设备的用电数据。

5.2.7 维护

智能插座应能接收并执行家庭能源网关下发的指令，将自身恢复为出厂设置，并清除所有存储数据。该功能也可通过自身复位按键实现。

6 技术要求

6.1 电源及工作环境要求

6.1.1 电源参比值及允许偏差

智能插座应支持本地单相交流供电方式，输入交流电压及其波动范围要求为：

——电压：85～265V（AC）；

——频率：50/60Hz，允许偏差–5%～+5%；

——额定切换电流：10A 或 16A。

6.1.2 功率消耗

智能插座在未接入负载时静态有功功耗不得高于 0.5W，峰值有功功耗不得高于 2W。

6.1.3 环境要求

智能插座在以下环境中应能正常工作：

——工作温度：–20℃～+50℃；

——湿度：20%～93%无凝结；

——大气压力：63kPa～108kPa（海拔 4000m 及以下）。

6.2 电气性能

6.2.1 绝缘电阻

正常试验条件下，智能插座各电气回路对地和各电气回路之间的绝缘电阻不小于 5MΩ；在交变湿热试验后绝缘电阻应不低于 2MΩ。

6.2.2 抗电强度

6.2.2.1 交流耐压

使用频率在 45Hz～65Hz 的近似正弦波，在智能插座的电源回路对地、无电气联系的回路之间进行试验。根据设备的额定绝缘电压，选取表 2 中对应的试验电压，试验时间 1min。试验中不得出现击穿、闪络现象，泄漏电流应不大于 5mA。

表 2 绝 缘 强 度 要 求

额定绝缘电压 U	试验电压有效值
$U \leqslant 60V$	500V
$60V < U \leqslant 125V$	1000V
$125V < U \leqslant 250V$	2000V
$250V < U \leqslant 400V$	2500V

6.2.2.2 冲击耐压

用 1.2/50μs 的标准冲击波在智能插座的电源回路对地、通信接口对地，以及无电气联系的回路之间分别做正、负极性耐压试验各 10 次，两次试验之间最少间隔 3s，根据设备的额定绝缘电压，选取表 3 中对应的试验电压，试验时应无破坏性放电（击穿跳火、闪络或绝缘击穿）现象。

表 3　冲 击 电 压 峰 值

额定绝缘电压 U	试验电压有效值
$U \leqslant 60V$	2000V
$60V < U \leqslant 125V$	5000V
$125V < U \leqslant 250V$	5000V
$250V < U \leqslant 400V$	6000V

6.3　继电器性能要求

智能插座中使用的继电器应满足 JB/T 10923—2010 第 5 章的要求。

6.4　通信性能

6.4.1　数据传输误码率

电力线载波信道数据传输误码率应不大于 10^{-5}，无线信道数据传输误码率应不大于 10^{-6}，光纤信道数据传输误码率应不大于 10^{-9}，其他信道的数据传输误码率应符合相关标准要求。

6.4.2　响应时间

智能插座收到家庭能源网关发送的指令到发送返回指令的最长时间应不超过 500ms。

6.4.3　通信协议

智能插座与家庭能源网关之间的通信协议可参考 DL/T 1398.42—2014。

6.4.4　通信性能

智能插座通信性能应符合附录 A 的要求。

6.5　电磁兼容性要求

6.5.1　抗扰度

智能插座在未接入用电设备时，抗扰度应符合 GB/T 17626 中的规定，表 4 中列出了要求。

表 4　电磁兼容性要求

电磁骚扰源	参考标准	严酷等级	骚扰施加值	施加端口	评价等级要求
工频磁场	GB/T 17626.8—2006	2	3A/m	整机	A
射频辐射电磁场	GB/T 17626.3—2006	2	3V/m	整机	A
静电放电	GB/T 17626.2—2006	2	4kV	接触放电	B
		3	8kV	空气放电	B
电快速瞬变脉冲群	GB/T 17626.4—2008	3	1.0kV，5kHz	屏蔽的 I/O 和通信线	B
		3	2.0kV，5kHz	电源端口	B
射频场感应的传导骚扰	GB/T 17626.6—2008	2	3V	电源端口	B
浪涌（冲击）	GB/T 17626.5—2008	2	0.5kV（共模）NA（差模）	屏蔽的 I/O 和通信线	B
		2	1.0kV（共模）0.5kV（差模）	电源端口	A

抗扰度性能按照设备的运行条件和功能要求分为如下四级：

——A级：在本标准给出的试验值内，性能正常；

——B级：在本标准给出的试验值内，功能或性能暂时降低或丧失，但能自行恢复；

——C级：在本标准给出的试验值内，功能或性能暂时降低或丧失，但需操作者干预或系统复位；

——D级：在本标准给出的试验值内，因设备（元件）或软件损坏，或数据丢失而造成不能恢复至正常状态的功能降低或丧失。

6.5.2 辐射骚扰限值

智能插座的辐射骚扰限值应符合 GB 9254—2008 的规定，在 30MHz～6GHz 频带内辐射骚扰限值见表5。

表5 辐射骚扰限值要求

频率范围/MHz	平均值/dB（μV/m）	准峰值限值/dB（μV/m）
30～230	NA	30
230～1000	NA	37
1000～3000	50	70
3000～6000	54	74
注1：在过渡频率（230MHz/1GHz/3GHz）处应采用较低的限值；		
注2：当发生干扰时，允许补充其他的规定		

6.6 机械要求

6.6.1 结构要求

智能插座的插销、插套设计应满足 GB 1002—2008 的要求；智能插座的结构应符合 GB 2099.1—2008 第13章、第14章的要求。

6.6.2 机械强度

智能插座的外壳及结构件应具有足够的强度，符合 GB 2099.1—2008 第24章、GB 2099.3—2008 第24章的要求。

6.6.3 外壳防护性能

智能插座的外壳应由能抗变形、抗腐蚀、抗老化的阻燃、环保材料制成，其防护性能应符合 GB/T 4208—2008 规定的 IP40 级要求。

6.6.4 对机械碰撞的防护等级要求

智能插座的机械碰撞防护等级应满足 GB/T 20138—2006 规定的 IK07 级要求。

6.6.5 金属部分的防腐蚀

在正常运行条件下可能受到腐蚀或可能生锈的金属部分，应有防锈、防腐的涂层或镀层。

6.6.6 按键

具有按键的智能插座，其按键应灵活可靠，无卡死或接触不良现象，各部件应紧固无松动。

6.7 阻燃与耐火性能

智能插座的绝缘材料外壳符合 GB 2099.1—2008 中28.1的要求。

6.8 安全性要求

智能插座的设计和结构应保证在正常条件下工作时不致引起任何危险，尤其应确保：

——抗电击的人身安全；

——防过高温的人身安全；

——防止火焰蔓延；

——防止固体异物进入。

6.9 环保要求

智能插座必须满足信息产业部令［第 39 号］对其有毒物质的限制和管理要求。

6.10 可靠性要求

智能插座的可靠性特征量 MTBF（平均无故障工作时间）应大于 20 000h。

7 检验规则

7.1 检验分类

产品的检验分为型式试验和出厂检验两大类。

7.2 型式试验

遇下列情况之一，应进行型式试验：

——新产品投产或老产品转厂生产，应在生产鉴定前进行型式试验；

——连续生产的产品，应每两年对出厂验收合格的产品进行型式试验；

——当改进产品设计和工艺，影响产品性能时，应对首批投入生产的产品进行型式试验；

——停产两年以上的产品，恢复生产时应进行型式试验；

——按国家质量监督机构要求应进行型式试验。

7.3 出厂检验

由制造厂技术检验部门对生产的每台产品进行检验，合格后给出检验合格证。

7.4 合格判定

型式试验和出厂检验按表 6 所示的项目进行，所有试验符合要求，则判定产品为合格，否则判定为不合格。

表 6　试验项目与试验环节对应

序号	试验项目		技术要求	型式试验	出厂检验
1	一般检查				
		外观检查	*	√	√
		结构检查	6.6.1	√	√
		标识检查	8.1	√	√
2	功能测试				
		电能量测量	5.2.1	√	√
		数据存储	5.2.2	√	√
		通信	5.2.3	√	√
		信息显示	5.2.4	√	√
		电源控制	5.2.5	√	√
		状态监测	5.2.6	√	√
		维护	5.2.7	√	√
3	绝缘性能试验				
		绝缘电阻测量	6.2.1	√	-
		绝缘强度试验	6.2.2.1	√	-

表 6（续）

序号	试验项目	技术要求	型式试验	出厂检验
	冲击耐压试验	6.2.2.2	√	-
4	功率消耗试验	6.1.2	√	-
5	低温试验	6.1.3	√	-
6	高温试验	6.1.3	√	-
7	交变湿热试验	6.1.3 6.2.1	√	-
8	电磁兼容性试验			
	工频磁场抗扰度试验	6.5.1	√	-
	射频电磁场抗扰度试验	6.5.1	√	-
	静电放电抗扰度试验	6.5.1	√	-
	电快速瞬变脉冲群抗扰度试验	6.5.1	√	-
	射频场感应的传导骚扰抗扰度试验	6.5.1	√	-
	浪涌抗扰度试验	6.5.1	√	-
	辐射骚扰试验	6.5.2	√	-
9	可靠性试验	6.10	√	-
＊ 根据厂商规定的指标进行检验				
√ 检验				
- 不检验				

8 标识、包装、储存和运输

8.1 标识

每个智能插座应有一个至数个清晰、耐久的标识，其内容包括：

——制造厂商名称或商标；

——型号或标志号，或其他标记，据此可从制造厂商得到产品有关资料；

——额定工作电压；

——额定输出电流；

——额定频率；

——出厂编号和出厂日期。

对于固定式智能插座，要求标识中提供明确、清晰、永久不脱落的接线图。

8.2 包装

随机文件有产品合格证、使用说明书、产品随机设备附件清单等。

产品外包装箱上应有符合 GB/T 191 规定的标志名称、图形以及产品名称、型号、数量、出厂日期、净重、生产厂名等文字说明。

8.3 储存和运输

包装后的产品应能够贮存在环境温度为–25℃～+55℃，相对湿度不超过 93%的室内或仓库环境内，在短时间内（不超过 24h），允许环境温度达到+60℃。

智能插座应能在环境温度–25℃～+55℃之间运输，在短时间内（不超过 24h），允许环境温度达到+60℃。设备在未运行的情况下经受上述高温后，不应发生任何不可恢复的损坏，在 6.1 节规定的条件下应能正常工作。

附 录 A
（规范性附录）
智能插座的通信性能

A.1 微功率无线通信单元（1GHz 以下频段）

A.1.1 工作频率

工作频率应符合信部无［2005］423 号、ITU Region 1 ISM 频段的规定。

A.1.2 接收机和发射机电性能

接收机和发射机电性能指标见表 A.1。

表 A.1 接收机和发射机电性能

工作频率（MHz）	发射功率限值（mW）	占用带宽（kHz）	频率容差	接收灵敏度（dBm）
433～433.92	10	200	/	−108

A.1.3 无线通道特性参数

无线通道特性参数见表 A.2。

表 A.2 无 线 通 道 特 性 参 数

特 性	参 数	条 件
速率	2400b/s～250kb/s	可编程改变
距离	≥300m	在视距条件卜，离地高度 2m
调制方式	2-FSK	可编程改变
	4-FSK	
	GFSK	
	MSK	
	ASK	
信道	≥40	
信道切换速率	≤90μs	
数据帧	≤62B	可编程改变

A.2 WPAN 通信单元

A.2.1 物理层和媒体访问控制层

WPAN 通信单元的物理层和媒体访问控制层应符合 GB/T 15629.15—2010 的规定。

A.2.2 WPAN 无线通道特性参数

WPAN 无线通道特性参数见表 A.3。

表 A.3 WPAN 无线通道特性参数

特性	参数	条件
标准	GB/T 15629.15—2010	
最大输出功率	≤10mW	
典型灵敏度	−98dBm	
RF 频率范围	779MHz～787MHz	
占用带宽	≤400kHz	
调制方式	MPSK 或 O-QPSK	
临道抑制	≥49dB	
候补信道抑制	≥54dB	
通信距离	≥400m	视距
通信速率	250kb/s	可编程改变

A.3 电力线窄带载波通信单元

A.3.1 信号频率

采用电力线窄带载波通信时，其载波信号频率范围为 3kHz～500kHz。

A.3.2 输出信号电平限值

输出信号电平限值见表 A.4，电平测量应参照 GB/T 6113.102—2008 第 4 章和 GB/T 6113.102—2008 附录 A.2 中的规定。

表 A.4 输出信号电平限值

工作频率（kHz）	输出电平限值（峰值）（dBμV）	测量带宽
3～9	134	200Hz
9～95	带宽<5kHz，134～120（随频率的对数呈线性减少） 带宽≥5kHz，134	200Hz
95～148.5	122	200Hz
148.5～500	120	9kHz

A.3.3 带外传导骚扰电平

带外传导骚扰电平限值见表 A.5。

表 A.5 带外骚扰电平限值

频率范围	骚扰电平限值（准峰值）（dBμV）	测量带宽
3kHz～9kHz	89	100Hz
9kHz～150kHz	89～66	200Hz
150kHz～500kHz	66～56（随频率的对数呈线性减少）	9kHz
500kHz～5MHz	56	9kHz

A.4 宽带电力线载波通信单元

A.4.1 占用带宽

采用电力线宽带载波通信时，其载波信号频率范围为 1MHz～100MHz。

A.4.2 物理层要求

电力线宽带载波通信单元的物理层应符合 DL/T 395—2010 中的规定，具体要求见表 A.6。

表 A.6 宽带电力线载波通信单元物理层参数

项目	指 标
基本频带	1MHz～30MHz
扩展频带	30MHz～100MHz
调制算法	OFDM
子载波调制方式	支持 BPSK、QPSK、8-QAM、16-QAM、256-QAM 等调制方式
功率谱密度要求	带内小于–45dBm/Hz，带外小于–75dBm/Hz

A.4.3 数据链路层功能要求

电力线宽带载波通信单元的数据链路层至少应能支持以下功能：

——实现应用层数据转换为协议帧并通过电力线发送；

——实现接收电力线数据帧转换为业务格式报文提供给应用层；

——支持 TCP/IP 协议，用于扩展 SNMP 等网络应用；

——支持注册认证功能；

——支持多网络协同工作；

——支持虚拟载波监听；

——支持基于竞争的随机接入方式；

——支持突发传输模式；

——支持单播、广播；

——支持分片重组包功能；

——支持 QoS。

中 华 人 民 共 和 国
电 力 行 业 标 准
智 能 家 居 系 统
第 3-3 部分：智能插座技术规范
DL / T 1398.33 — 2014

*

中国电力出版社出版、发行

（北京市东城区北京站西街 19 号　100005　http://www.cepp.sgcc.com.cn）

北京九天众诚印刷有限公司印刷

*

2015 年 5 月第一版　　2015 年 5 月北京第一次印刷

880 毫米×1230 毫米　16 开本　1 印张　26 千字

印数 0001—3000 册

*

统一书号 155123 · 2441　定价 9.00 元

敬 告 读 者

本书封底贴有防伪标签，刮开涂层可查询真伪

本书如有印装质量问题，我社发行部负责退换

中国电力出版社官方微信

掌上电力书屋

刮开涂层
查询真伪

1551232441

DL/T 1398.33-2014 智能家居系
-3部分 智能插座技术规范

￥9.00

155123.2441